图说安全

——风电安全生产红线20条

龙源电力集团股份有限公司　编

U0260685

中国电力出版社
CHINA ELECTRIC POWER PRESS

内 容 提 要

　　本书对 20 条风电安全生产红线的内容进行了深入解读，并围绕每条红线提出了更为全面的措施和要求，针对性地列举了违反红线所引发的事故。

　　风电企业生产人员只有真正理解每条红线的产生背景和深刻内涵，提高安全意识和对违章危害的认识深度，才能不折不扣地将安全红线和反事故措施执行好、落实好。本书适用于风电企业的安全教育和培训，在安全活动时组织员工集中学习、分析和讨论。

图书在版编目（CIP）数据

　　图说安全：风电安全生产红线 20 条 / 龙源电力集团股份有限公司编 . —北京：中国电力出版社，2017.5（2024.3 重印）
　　ISBN 978-7-5198-0661-3

　　Ⅰ . ①图… Ⅱ . ①龙… Ⅲ . ①风力发电—安全生产—图解 Ⅳ . ① TM614-64

　　中国版本图书馆 CIP 数据核字（2017）第 071667 号

出版发行：中国电力出版社
地　　址：北京市东城区北京站西街 19 号（邮政编码 100005）
网　　址：http://www.cepp.sgcc.com.cn
责任编辑：孙　芳（010-63412381）
责任校对：马　宁
装帧设计：王英磊　永诚天地
责任印制：蔺义舟

印　　刷：北京九天鸿程印刷有限责任公司
版　　次：2017 年 5 月第一版
印　　次：2024 年 3 月北京第三次印刷
开　　本：880 毫米 ×1230 毫米 32 开本
印　　张：1.5
字　　数：40 千字
印　　数：8001—8500 册
定　　价：38.00 元

编委会

主　　编　张宝全

副 主 编　赵力军　吴　涌　李力怀　杜　杰　夏　晖

编写人员　郎斌斌　张　敏　王　贺　尹佐明

绘　　图　王泓博

前　言

　　为提高风电企业生产人员的安全意识、技术水平和辨识危险的能力，龙源电力集团股份有限公司组织开展了风电安全生产"红线意识"大讨论，并在讨论的基础上按照"针对风电、面对基层、内容简洁、便于理解，重点防范人身和设备事故"的原则，提炼基层成果、结合风电行业典型事故案例和反事故措施，形成了20条风电安全生产红线。

　　龙源电力20条风电安全生产红线是历史教训和宝贵经验的总结，是不可逾越的高压线。为使风电企业安全生产人员真正理解每条红线的产生背景和深刻内涵，龙源电力集团股份有限公司创新风电安全教育培训形式，编制了风电安全生产红线条文释义，通过文字和漫画的形式对红线进行生动展示，为大范围、高效开展红线宣贯和反违章教育奠定了基础。

编者

2017年5月

目　录

第一条

无票作业、无监护作业

开工作票太麻烦了，这么简单的工作根本不需要开工作票！闭着眼睛都会干！

重点要求 ||||||||||||||||||

(1) 严禁不开工作票、不携带工作票在电气设备及风电机组上工作；
(2) 严禁在工作中擅自扩大工作范围或改变工作流程；
(3) 严禁随意拖延或不履行工作票终结手续；
(4) 严禁在无人监护的情况下单人在带电设备上工作；
(5) 监护人员临时离开现场时应指定人员代替进行监护。

条文释义 条文中的"票"指工作票和操作票。工作票是保障运检人员作业安全的书面文件和管理凭证，主要内容包括：编号、工作地点和内容、工作计划开始和终结时间、安全措施、三种人及工作班组成员等。操作票是进行电气操作的书面依据，主要内容包括：编号、操作任务、顺序和时间、发令人、受令人、操作人、监护人等。条文中的"监护"指工作全过程中，工作负责人（监护人）对工作班成员，以及工作班成员之间，应给予技术指导并及时制止和纠正不安全行为和错误做法，确保作业安全、有效地执行。

重点要求

（1）严禁不开工作票、不携带工作票在电气设备及风电机组上工作；

（2）严禁在工作中擅自扩大工作范围或改变工作流程；

（3）严禁随意拖延或不履行工作票终结手续；

（4）严禁在无人监护的情况下单人在带电设备上工作；

（5）监护人员临时离开现场时应指定人员代替进行监护。

典型案例

某风电场正在进行风电机组调试工作，一名员工在进行风电机组箱式变压器的送电工作中，触碰带电部位，造成该员工双手严重灼伤。经调查，当事人作为工作负责人，安全意识淡薄，开工前未履行相关手续办理工作票，在无人监护、未落实安全措施且不熟悉设备结构的情况下开展工作。在检查箱式变压器绝缘的过程中，未对设备进行验电，强行破坏箱式变压器高压侧内网门进入带电区域，碰到35kV侧带电部位，造成触电事故发生。

第二条

允许无资质或安全教育不合格人员进入现场工作

重点要求 ||||||||||||||||||||||||

(1) 风电场员工必须经过三级安全教育，考核合格后方可进入现场；

(2) 各类特种作业人员必须经教育培训并考核合格，具备相应资格后方可从事相关工作；

(3) 重要检修工作前应对工作成员进行安全教育和应急演练；

(4) 风电场技改、大修、预试等工作不得外包给无资质的企业或人员。

条文释义 条文中的"资质"是指人员及单位在进入特定岗位工作或承接特定项目前应满足的资格和条件。条文中的"安全教育"是指企业应确保从业人员熟悉有关的安全生产规章制度和安全操作规程，掌握本岗位的安全操作技能，了解事故应急处置措施，知悉自身在安全生产方面的权利和义务，并经考试合格。

重点要求

（1）风电场员工必须经过三级安全教育，考核合格后方可进入现场；

（2）各类特种作业人员必须经教育培训并考核合格，具备相应资质后方可从事相关工作；

（3）重要检修工作前应对工作成员进行安全教育和应急演练；

（4）风电场技改、大修、预试等工作不得外包给无资质的企业或人员。

典型案例

某电力施工企业把500kV线路工程分包给不具备相应施工资质的某电力工程队伍，该电力工程队伍工作班在进行铁塔紧螺栓、调整拉线时，由于工作人员安全意识不强，技术措施不到位，在未设置临时铁塔拉线且塔上有人工作的情况下，擅自调整铁塔拉线，致使铁塔因拉线松脱失衡后倾倒，造成塔上4人死亡、地面1人重伤的严重事故。

第三条

现场未进行危险点辨识
开工前无安全交底

重点要求 ||||||||||||||||||||

(1) 工作票中的危险点应结合具体工作内容进行辨识，辨识要准确、有针对性；

(2) 工作负责人在开工前应向工作班成员交代工作内容、人员分工、带电部位、现场安全措施及危险点，并履行确认手续；

(3) 现场必须开展危险点辨识工作，并形成危险点辨识手册。

条文释义 条文中的"危险点辨识"是指排查并列出作业场所和工作过程中存在的危险因素。条文中的"安全交底"是指在现场工作开始前，工作负责人对作业人员逐条讲解危险点、带电部位及安全防范措施，以便作业人员能主动防范事故发生，或在突发状况下将伤害程度减小到最低。

重点要求

（1）工作票中的危险点应结合具体工作内容进行辨识，辨识要准确、有针对性；

（2）工作负责人在开工前应向工作班成员交代工作内容、人员分工、带电部位、现场安全措施及危险点，并履行确认手续；

（3）现场必须开展危险点辨识工作，并形成危险点辨识手册。

典型案例

某电力企业，按计划对110kV变电站10kV侧部分设备进行年检工作，开工前工作负责人向工作班成员进行了安全交底。工作开始后，工作班成员甲在清扫电压互感器后门内设备时，开关柜内带电母排B相对其放电，经抢救无效最终死亡。调查发现，工作负责人工作开工前的安全交底对作业风险、危险点交代不仔细，对电压互感器后门内设备带10kV电压漏交代，造成该起触电事故的发生。

第四条

现场不按规定使用或使用不合格的安全工器具及个人安全防护用品

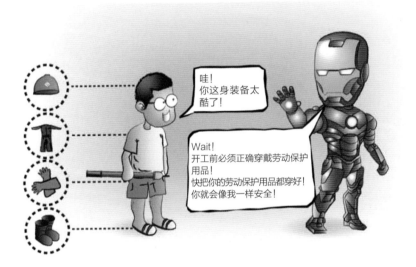

重点要求 ||||||||||||||||||||||||

(1) 工作中必须使用检验合格的安全工器具及个人安全防护用品。

(2) 运检人员在进行工作前应对安全工器具及个人安全防护用品进行外观检查和功能测试。

(3) 安全工器具应定期试验，严禁使用不检验或超过试验周期的安全工器具。

(4) 严格执行安全防护用品、安全工器具的报废手续；严禁将不合格或已报废的安全工器具与合格器具混放。

条文释义 条文中的"安全工器具"是防止触电、灼伤、坠落、摔跌等事故，保障工作人员人身安全的各种专用工具；"个人安全防护用品"是企业为员工配备的，使其在劳动过程中免遭或者减轻事故伤害及职业危害的用品。

重点要求

（1）工作中必须使用检验合格的安全工器具及个人安全防护用品。

（2）运检人员在进行工作前应对安全工器具及个人安全防护用品进行外观检查和功能测试。

（3）安全工器具应定期试验，严禁使用不检验或超过试验周期的安全工器具。

（4）严格执行安全防护用品、安全工器具的报废手续；严禁将不合格或已报废的安全工器具与合格器具混放。

典型案例

某电力企业检修队负责人甲带领26名工人开展10kV输电线路清扫工作。甲在线路停电后安排人员用验电器验过无电，认为线路已断开，在未装好临时接地线的情况下，即命令工人在线路上登杆作业。由于该线路开关恰好未断开，导致工人乙登杆后触电身亡。经调查，该工作班所使用的验电器已损坏，事后使用该验电器在其他带电线路上验电均显示无电。

第五条

超规定风速、雷暴等极端天气现场作业

重点要求 ||||||||||||||||||||||||||

(1) 风速超过8m/s时不得进行叶片和叶轮吊装，超过10m/s时不得进行塔架、机舱、轮毂、发电机等设备的吊装；

(2) 风速超过12m/s时禁止打开机舱盖（含天窗），超过15m/s时不应攀爬风电机组；

(3) 工作温度低于-20℃时禁止使用吊篮，风速大于8m/s时禁止在吊篮上工作；

(4) 雷暴天气时，不得从事风电机组检修和巡视工作。

条文释义 条文中的"极端天气"指严重偏离平均水平的天气状态，会对人员及设备设施造成严重影响，甚至引发事故。例如，在超规定风速和雷暴天气进行户外作业，会导致人员在攀爬塔筒或机舱外作业时跌落、导致设备吊装时发生碰撞，感应雷或直击雷还会引起人身伤害和设备损坏等情况。

重点要求

（1）风速超过8m/s时不得进行叶片和叶轮吊装，超过10m/s时不得进行塔架、机舱、轮毂、发电机等设备的吊装；

（2）风速超过12m/s时禁止打开机舱盖（含天窗），超过15m/s时不应攀爬风电机组；

（3）工作温度低于-20℃时禁止使用吊篮，风速大于8m/s时禁止在吊篮上工作；

（4）雷暴天气时，不得从事风电机组检修和巡视工作。

典型案例

在某风电场发生的一起风电机组倒塔事故中，造成现场工作人员1人死亡、3人轻伤，机组彻底损毁。事故发生前，该机组正处在安装调试阶段。调查发现，机组安装调试过程中现场风速短时间内超过30m/s，因现场工作人员未能根据天气变化及时停止工作并撤离风电机组，造成机组塔筒剧烈晃动，塔筒螺栓松动后发生断裂，最终导致机组塔架倒塌和人身伤亡事故的发生。

第六条

擅自投退运行设备保护装置或修改参数

重点要求 ||||||||||||||||||||||||

（1）输变电设备的保护装置应按设计要求100%投入，严禁随意退出；

（2）未经批准，严禁修改输变电设备保护装置的定值和各类参数；

（3）未经批准，不得解除风电机组保护或修改保护限值，不得屏蔽或修改故障告警信号、传感器信号和各类运行参数；

（4）风电机组试运行验收时，必须核对重要参数并备案。

条文释义 条文中的"保护装置"是指输变电设备的继电保护及各类安全自动装置、风电机组的安全链和故障告警、停机等保护功能。这些保护装置可在设备异常或故障情况下发出告警信号、跳开相应回路或执行紧急停机等保护动作，是设备安全、稳定运行的重要保障。条文中的"参数"包括设备的各类运行参数、控制参数、保护参数等，参数设置不正确或使用不当，易造成全场停电、设备损坏等事故发生。

重点要求

（1）输变电设备的保护装置应按设计要求100%投入，严禁随意退出；

（2）未经批准，严禁修改输变电设备保护装置的定值和各类参数；

（3）未经批准，不得解除风电机组保护或修改保护限值，不得屏蔽或修改故障告警信号、传感器信号和各类运行参数；

（4）风电机组试运行验收时，必须核对重要参数并备案。

典型案例

某风电场发生一起风电机组倒塔事故，造成机舱完全损毁。经调查，由于该机组运行期间多次出现变桨电池和发电机故障，为避免影响设备可利用率，两故障信号被风电机组厂家客服人员人为屏蔽。事故机组的发电机故障扩大后，触发安全链，风电机组进入紧急停机过程并与电网脱开，因变桨蓄电池电量不足，机组无法完成顺桨，进而造成失速，其中一支叶片空中断裂飞出，进一步加大了振动及不平衡载荷，最终造成事故的发生。

第七条

风机内油污及杂物未清理

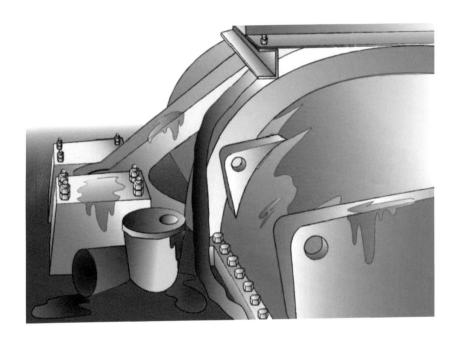

重点要求 ||||||||||||||||||||

(1) 风电机组机舱内的渗漏油必须及时清理，渗漏点必须及时堵漏；

(2) 每次登塔必须检查并清理风电机组的集油设施，特别是隐蔽位置的集油设施，要杜绝油脂堆积和外溢；

(3) 严禁在工作结束后遗留工具、备品备件及易燃易爆物品；

(4) 机舱内动火工作间断、终结时，工作人员必须停留观察15分钟，确认现场无火种残留后方可离开。

条文释义 条文中的"油污"指风电机组内的部件渗漏和溢出的、作业过程中洒落的各类油脂,多为可燃物,遇到火源后易导致风机火灾事故的发生;机舱及塔筒各层平台等处的油污易造成运检人员打滑摔倒或坠落,引发人身事故;条文中的"杂物"指风电机组内作业过程中遗留的工器具、备件等物品,杂物有可能导致火灾和其他事故的发生。

重点要求

(1)风电机组机舱内的渗漏油必须及时清理,渗漏点必须及时堵漏;

(2)每次登塔必须检查并清理风电机组的集油设施,特别是隐蔽位置的集油设施,杜绝油脂堆积和外溢;

(3)严禁在工作结束后遗留工具、备品备件及易燃易爆物品;

(4)机舱内动火工作间断、终结时,工作人员必须停留观察15min,确认现场无火种残留后方可离开。

典型案例

某基建调试期风电场一台风电机组发生火灾事故,造成机舱全部烧毁。事故前,风电场人员正在机组底部对机舱35kV干式变压器送电,合闸后从顶部机舱传来异常响声,随后机舱起火并烧毁。调查确认,现场在机组安装过程中将金属工具(一根长约35cm,直径10mm的螺纹杆)遗留在机舱干式变压器室A相低压侧母排附近,在机组初次送电前也未执行必要的检查,造成变压器在带电后形成短路,最终导致火灾发生。

第八条

机舱内转动部件未装防护罩或未采取有效防护

图上红色部位为风机运行状态时的旋转部位；
风机在未锁定叶轮锁时，禁止将身体深入机舱于轮毂之间的孔洞内停留；
在做振动测试时，不能将安全带带入机舱，以免卷入旋转部位发生事故；
测量高速端数据时注意不要碰到旋转部位，以免发生事故。

重点要求 ||||||||||||||||||||||||||||

(1) 风电机组刹车盘、联轴器的防护罩必须正确、可靠安装，严禁检修作业后不恢复或只恢复部分防护罩；

(2) 叶根部位的检修、维护工作结束后，必须及时安装机舱防护板；

(3) 对运行中机组的转动部件进行目视检查时，必须保证安全距离；

(4) 对机组内转动部件进行检修作业前必须将机组停机并做好制动措施。

条文释义 条文中的"机舱内转动部件"包括主轴、联轴器、刹车盘等,"有效防护"指在旋转部件周围安装的防护罩、防护栏杆、防护栅栏、防护挡板等安全防护装置,防止运检人员在从事机舱内检修、巡检等工作时发生安全带、工作服等因意外卷入转动部件对人体造成的伤害;防止刹车盘因刹车摩擦产生火星引燃可燃物并造成机舱着火。

重点要求

(1)风电机组刹车盘、联轴器的防护罩必须正确、可靠安装,严禁检修作业后不恢复或只恢复部分防护罩;

(2)叶根部位的检修、维护工作结束后,必须及时安装机舱防护板;

(3)对运行中机组的转动部件进行目视检查时,必须保证安全距离;

(4)对机组内转动部件进行检修作业前必须将机组停机并做好制动措施。

典型案例

某风电场一台风电机组发生火灾事故,机舱严重烧毁,两支叶片根部过火。经调查,事故发生前风电场检修人员在完成齿轮箱更换后,未进行刹车盘和刹车片的间隙测量与调整、未安装刹车盘防护罩,便将风机投入运行,机组投运后刹车盘和刹车片持续摩擦产生火花,因刹车盘处未安装防护罩,且机舱环境卫生清理不彻底,致使火花溅落在刹车盘附近的可燃物上引起火灾。

第九条

进出轮毂未锁定机械锁

重点要求 ||||||||||||||||||||||

(1) 运检人员进入轮毂内工作或在轮毂表面工作前应按规定可靠锁定叶轮。

(2) 严禁以高速轴液压刹车代替机械锁；严禁以按下机组急停按钮替代机械锁。

(3) 进、出轮毂作业时，必须检查叶片盖板的安装情况，机舱内必须有人监护。

(4) 检修作业结束后，应按要求恢复机械锁。

(5) 风速过小或过大时叶轮不易可靠锁定的情况下，不锁定机械锁不得进入轮毂。

条文释义 风电机组轮毂为转动部件，轮毂内部作业空间较小且出入不便。检修人员在进入轮毂或在轮毂表面工作时，如果未锁定机械锁，轮毂会因风速突然增大或人员误操作发生转动，进而造成人身伤害、设备损毁事故的发生。

重点要求

（1）运检人员进入轮毂内工作或在轮毂表面工作前应按规定可靠锁定叶轮。

（2）严禁以高速轴液压刹车代替机械锁；严禁以按下机组急停按钮替代机械锁。

（3）进、出轮毂作业时，必须检查叶片盖板的安装情况，机舱内必须有人监护。

（4）检修作业结束后，应按要求恢复机械锁。

（5）风速过小或过大时叶轮不易可靠锁定的情况下，不锁定机械锁不得进入轮毂。

典型案例

某风电场新安装风电机组调试过程中，因风速较大，现场调试人员在未能将机械锁锁定销完全送入叶轮法兰盘锁定孔的情况下，便进入轮毂内开展变桨系统调试工作。由于调试期间需频繁变桨及风向的变化造成未完全进入锁定孔的叶轮锁定销在叶轮晃动中缓慢退出，叶轮发生旋转，致使人员重伤事故的发生。

第十条

风电机组停机原因未查清反复强行复位

重点要求 ||||||||||||||||||||||

(1) 停机原因不明时,严禁中控室人员远程复位风电机组;现场故障处理必须查清故障原因、排除故障点后方可按规定恢复机组运行。

(2) 风电机组自复位超过3次,必须远程停机并进行现场检查。

(3) 风电机组故障维修前,必须将机组控制权限切换至就地,并进入维护模式。

(4) 装有机载干式变或高压发电机的风电机组,出现环网柜跳闸或熔断器熔断时必须对机组的电气回路进行全面检查。

条文释义 条文中的"未查清"是指当机组报故障或异常停机时，运行人员未及时查看和处理故障信息及监控数据，检修人员在故障处理中未能分析机组故障原因并查出故障点；"反复强行复位"是指运检人员不熟悉机组工作原理，未查明机组停机原因，未按流程处理故障的情况下，通过远程或就地多次复位启动风电机组。引起机组停机的故障未排除便强行复位，可能造成故障扩大或风机火灾、倒塔等事故。

重点要求

（1）停机原因不明时，严禁中控室人员远程复位风电机组；现场故障处理必须查清故障原因、排除故障点后方可按规定恢复机组运行。

（2）风电机组自复位超过3次，必须远程停机并进行现场检查。

（3）风电机组故障维修前，必须将机组控制权限切换至就地，并进入维护模式。

（4）装有机载干式变或高压发电机的风电机组，出现环网柜跳闸或熔断器熔断时，必须对机组的电气回路进行全面检查。

典型案例

某风电场一台风电机组发生火灾，经过调查，事故前该机组先后两次更换了磨损较为严重的机械刹车闸体等部件，机组投运后，多次报"闸磨损"和"闸无反馈"故障，检修人员未能消除缺陷便将机组投运。此后机组先后7次报出"闸无反馈"故障，检修人员未到现场查找和排除故障，而是由运行人员在中控室盲目进行远程复位，最终机组由于刹车片与刹车盘因间隙调整不当，持续接触并发生异常摩擦，大量高温碎屑从机械刹车护罩下部的孔洞中飞溅出，将附近可燃物引燃起火，导致机组整体烧损。

第十一条

电气设备故障原因未查清反复强行送电

重点要求 ‖‖‖‖‖‖‖‖‖‖‖‖‖‖‖‖‖‖

(1) 风电场发生断路器跳闸、熔断器熔断等异常情况时，必须进行全面检查，查明故障原因并找到故障点，严禁盲目合闸送电；

(2) 输变电设备故障有效排除后，须对场内同类设备进行检查；

(3) 当发生继电保护装置拒动、误动或越级跳闸情况时，必须全面复核保护装置及保护定值是否正确配置。

条文释义 条文中的"电气设备故障"包括风电场内电气设备及线路故障引起的保护装置启动（告警）、开关跳闸、熔断器熔断等情况，以及保护装置拒动、误动、越级跳闸等情况。电气设备故障原因未查清强行送电，会使设备合闸于故障状态，导致事故扩大，甚至引发人身事故。

重点要求

（1）风电场发生断路器跳闸、熔断器熔断等异常情况时，必须进行全面检查，查明故障原因并找到故障点，严禁盲目合闸送电。

（2）输变电设备故障有效排除后，须对场内同类设备进行检查。

（3）当发生继电保护装置拒动、误动或越级跳闸情况时，必须全面复核保护装置及保护定值是否正确配置。

典型案例

某风电场发生一起风电机组机舱烧毁事故。事故前风电机组故障停机，检修人员判定为机舱电气柜内Q8断路器损坏，完成Q8更换工作并启动机组后，风电机组接入35kV集电线路杆塔处的跌落保险A、B两相熔断；检修人员完成线路跌落保险更换工作后，在未能查明线路跌落保险熔断原因、找出故障点的情况下便对机组进行送电，造成机组带故障点合闸，机舱电气柜内发生短路，弧光击穿电气柜后背板，引燃机舱罩，最终导致机组整体烧毁。

第十二条

变桨后备电源未定期检测或更换

重点要求 ||||||||||||||||||||||||

(1) 变桨系统后备电源带载顺桨测试的周期不得超过2个月，后备电源的更换需严格按照厂家技术要求执行，不得超期使用和新旧混用；

(2) 对于吊装后长期未送电和故障后长期未投运的机组，投运前须对变桨后备电源做全面检查；

(3) 风电机组报变桨后备电源故障时，应查明故障原因，故障排除后执行后备电源带载顺桨测试；

(4) UPS蓄电池定期检查周期不得超过半年，检查中要测试蓄电池的充放电性能和容量，检测性能不合格的蓄电池要及时更换。

条文释义 条文中的"变桨后备电源"分为蓄电池和超级电容两类，主要用于向电动变桨的机组紧急顺桨时提供动力，变桨后备电源失效会导致机组不能紧急顺桨，进而发生机组飞车倒塔的事故；除变桨系统外，风机UPS中也存在后备电源，UPS后备电源的作用是当风电机组主供电系统故障时，为控制、保护、刹车等关键系统提供电源保障，对机组的安全运行至关重要。

重点要求

（1）变桨系统后备电源带载顺桨测试的周期不得超过2个月，后备电源的更换需严格按照厂家技术要求执行，不得超期使用和新旧混用；

（2）对于吊装后长期未送电和故障后长期未投运的机组，投运前须对变桨后备电源做全面检查；

（3）风电机组报变桨后备电源故障时，应查明故障原因，故障排除后执行后备电源带载顺桨测试；

（4）UPS蓄电池定期检查周期不得超过半年，检查中要测试蓄电池的充放电性能和容量，检测性能不合格的蓄电池要及时更换。

典型案例

某风电场发生一起风电机组飞车倒塔、机舱烧毁事故。经调查，因电网故障引起风机脱网，风机执行紧急停机时，变桨系统蓄电池放电容量不足，未能提供足够的驱动电源，导致机组不能完成顺桨动作，转速无法降低，进而飞车倒塔。同时，飞车造成部分机组部件严重超温，引燃风电机组内泄漏的油脂，导致机舱起火烧毁。

第十三条

违规存放有毒有害、易燃易爆物品

重点要求 ||||||||||||||||||||||||

(1) 有毒有害、易燃易爆物品应设置专用库房并分类存放，配备相应的检测仪器、消防器材、标识；相互发生化学反应及灭火方法不同的物质不能混存。

(2) 易燃易爆物品库房应设置防爆型通风、排气和照明装置，并与周边建筑物有足够的防火距离，库房内禁止动火。

(3) 防小动物毒饵等有害物品必须指定专人保管，定点、定量放置，定期检查更换，废弃的必须集中销毁，不得随意丢弃。

条文释义 风电场在基建、设备安装、运行维护工作中所需氧气、乙炔、变压器油、润滑油、酒精、汽柴油等属于易燃易爆物品；SF_6、防小动物毒饵、杀虫药及风机检修用到的有机溶剂、玻璃纤维、石棉等属于有毒有害物品。

重点要求

（1）有毒有害、易燃易爆物品应设置专用库房并分类存放，配备相应的检测仪器、消防器材、标识；相互发生化学反应及灭火方法不同的物质不能混存。

（2）易燃易爆物品库房应设置防爆型通风、排气和照明装置，并与周边建筑物有足够的防火距离，库房内禁止动火。

（3）防小动物毒饵等有毒物品必须指定专人保管，定点、定量放置，定期检查更换，废弃的必须集中销毁，不得随意丢弃。

典型案例

某基建期升压站内发生一起乙炔瓶爆炸事故，造成现场施工人员1人死亡、2人重伤。事故发生时施工人员正在向皮卡车上装运乙炔瓶，准备转场进行焊接作业。由于正值夏季，长时间露天放置的乙炔瓶由于烈日暴晒而导致瓶内压力急剧增加，施工人员在搬运过程中无意的晃动和撞击造成了乙炔瓶爆炸。

第十四条

电气设备作业前不验电不设防护栏

重点要求 ||||||||||||||||||||||||||

(1) 从事电气作业前，必须确认作业设备不带电或无危害，工作人员必须穿绝缘鞋和戴绝缘手套，穿工作服。

(2) 严禁违章移动、拆除、破坏安全防护以进入带电区域；严禁强行破坏各类电气设备的闭锁装置。

(3) 风电机组检修作业时，须将机组控制权限切换至就地控制，同时在塔筒底部明显位置放置标示牌。

(4) 在风电机组变频器、发电机、变压器处作业前，需对设备进行充分放电。

条文释义 电气设备作业时保证安全的技术措施包括：停电、验电、挂接地线、悬挂标示牌、装设遮拦。停电是要确保需停电设备与电源可靠隔离；验电是要检查并确认设备已不带电；挂接地线是要在被检修部分装设必要的临时接地线或合上接地刀闸；悬挂标示牌是要标明检修现场人员的活动范围、行走通道、带电与不带电的分界点等内容；装设遮拦是将工作地点与带电设备形成明显的隔离，防止工作人员因扩大工作范围而发生危险。

重点要求

（1）从事电气作业前，必须确认作业设备不带电或无危害，工作人员必须穿绝缘鞋和戴绝缘手套，穿工作服。

（2）严禁违章移动、拆除、破坏安全防护以进入带电区域；严禁强行破坏各类电气设备的闭锁装置。

（3）风电机组检修作业时，须将机组控制权限切换至就地控制，同时在塔筒底部明显位置放置标示牌。

（4）在风电机组变频器、发电机、变压器处作业前，需对设备进行充分放电。

典型案例

某风电场运检人员违章作业引起风电机组失火，造成二人死亡、机舱烧毁，3支叶片根部过火损坏。调查发现，风电场两名运检人员在机舱内处理变频器故障时，带电更换网侧熔断器，误碰690V网侧进线造成短路起火，一人当场触电死亡，另一人在逃生过程中从塔筒内意外坠落身亡，风机舱大火持续燃烧后自然熄灭。

第十五条

输变电设备作业前不核实名称和编号

重点要求 ||||||||||||||||||||||

(1) 输变电设备的名称和编号应清晰、准确，对于模糊、错误及缺失的标识牌应及时更换、补充；

(2) 输变电设备作业前必须核对设备的名称、编号及位置，操作中必须对操作内容进行复诵。

条文释义 条文中的"名称和编号"是指在工作票和操作票中明确填写的设备名称和设备编号，风电场人员在从事输变电设备作业前认真核对现场设备名称和编号与工作票和操作票所列是否一致，能够防止因误操作、误入带电间隔引发的人身伤亡或设备损毁事故。

重点要求

（1）输变电设备的名称和编号应清晰、准确，对于模糊、错误及缺失的标识牌应及时更换、补充；

（2）输变电设备作业前必须核对设备的名称、编号及位置，操作中必须对操作内容进行复诵。

典型案例

某电力企业按计划对110kV线路A线停电检修，工作内容为登检及绝缘子清扫。工作班成员在挂好接地线，做好有关安全措施后开始工作。其中工作负责人甲与工作班成员乙一组，负责A线31~33号杆塔的登检及绝缘子清扫工作，但二人误走到平行带电的110kV线路B线35号杆塔下，在都未认真核对线路名称、杆牌的情况下，乙误登该带电的线路杆塔，在进行工作时发生触电当场死亡，电弧引燃乙的衣物，安全带烧断后从约23m高处坠落地面。

第十六条

现场作业约时停送电

重点要求 ||||||||||||||||||||||||

(1) 在输变电设备上作业时禁止约时停送电；

(2) 在机舱内进行检修作业时，严禁检修人员与中控室或塔底人员约时送电或起机；

(3) 输变电设备及风机的停送电均应按照运行人员、调度员或工作许可人的指令执行。

条文释义 条文中的"约时停送电"是指风电机组或输变电设备检修时，由于作业现场与中控室交通不便或联系不畅，双方提前约定了设备停电、送电时间，并按此时间开展工作的行为。这种行为易导致不该停电的设备或线路停电，或检修工作尚未结束就对检修中的设备送电的情况，最终造成设备损毁及人员伤亡事故。

重点要求

（1）在输变电设备上作业时禁止约时停送电；

（2）在机舱内进行检修作业时，严禁检修人员与中控室或塔底人员约时送电或起机；

（3）输变电设备及风机的停送电均应按照运行人员、调度员或工作许可人的指令执行。

典型案例

某风电场场内10kV集电线路停电检修，工作内容为拆除原风电场集电线路杆塔上的线路隔离开关，安装一组跌落式熔断器。因该风电场地处山区，无法使用手机及对讲机进行通信，开工前，检修人员与变电站运行人员约定上午11点送电；检修人员在工作约2小时后，约定送电时间已到，但安装工作尚未结束，运行人员按约定时间完成了线路送电工作，造成1人重伤、1人轻伤的触电事故。

第十七条

违反调度停送电指令

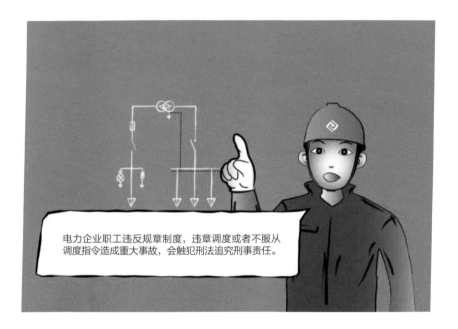

电力企业职工违反规章制度，违章调度或者不服从调度指令造成重大事故，会触犯刑法追究刑事责任。

重点要求 |||||||||||||||||||||||||||||

(1) 运行人员不得拒不执行当值调度命令，运行人员不得超出调度命令范围操作或错误执行命令；

(2) 运行人员在接受调度指令后，须依照指令的步骤及内容对调度员复诵一遍；

(3) 运行人员应经调度部门批准后方可启停调度管辖设备；

(4) 凡属调度管辖范围内的设备继电保护、自动装置等动作时，运行人员应向调度部门汇报。

条文释义 对于调度管辖范围内的设备，当调度员发出停送电指令后，无故拒绝执行，或未经当值调度员的指令许可而擅自进行停送电操作、自行改变设备运行方式的行为，均属于违反调度指令的行为，并有可能对人身、设备安全或电网的稳定运行产生严重威胁。（事故突发等情况无须等待调度指令，事故单位可自行处理，但应按有关规定边处理边向调度报告）。

重点要求

（1）运行人员不得拒不执行当值调度命令，运行人员不得超出调度命令范围操作或错误执行命令；

（2）运行人员在接受调度指令后，须依照指令的步骤及内容对调度员复诵一遍；

（3）运行人员应经调度部门批准后方可启停调度管辖设备；

（4）凡属调度管辖范围内的设备继电保护、自动装置等动作时，运行人员应向调度部门汇报。

典型案例

某火电厂按照调度指令对1、2号机组停机后，当值值长进行设备检查时发现2号机组出口断路器弹簧操作机构未自动储能，2号机组及出口断路器失备。在未向省调进行汇报、未对断路器进行仔细检查的情况下，对处于热备用位置的2号机组断路器进行手动储能。储能过程中2号机组出口断路器因操作机构误动而合闸，2号机组突然投入运行，导致220kV1号主变压器跳闸，全厂失电，并对电网造成冲击。

第十八条

机舱内人员与地面人员通信联系不畅通

重点要求 |||||||||||||||||||||||||||||||

(1) 现场作业应使用对讲机等通信设备进行联络，并应确保在工作全过程中通信清晰、稳定；

(2) 作业开始和作业完成时，机舱内人员须向地面人员报告，作业过程中应按双方约定的时间间隔报告作业进展情况；

(3) 在机舱内作业或用助爬器攀爬塔过程中，执行重要动作或作业内容改变前必须与地面人员进行确认。

条文释义 条文中的"地面人员"包括作业现场的地面人员及中控室人员；通信联系"畅通"是指进入风电机组内开展检修、巡检工作时，机舱内人员与地面人员之间的信息传达清晰、稳定。通讯不畅通易造成人员误操作或撤离不及时，导致人身危害及设备损坏。

重点要求

（1）现场作业应使用对讲机等通信设备进行联络，并应确保在工作全过程中通信清晰稳定；

（2）作业开始和作业完成时，机舱内人员须向地面人员报告，作业过程中应按双方约定的时间间隔报告作业进展情况；

（3）在机舱内作业或用助爬器攀爬塔过程中，执行重要动作或作业内容改变前必须与地面人员进行确认。

典型案例

　　某风电场发生一起人员高处坠落导致重伤的事故。经调查，事故当天两名检修人员前往现场进行风电机组故障处理，由于未携带对讲机，两人便约定在甲攀爬到塔顶后，以敲击塔筒壁为信号，乙再操作助爬器回链后登塔；事故发生时，甲在顶段塔筒内发现照明灯具固定不牢，停下来检查并固定灯具时，防坠钢丝绳与爬梯发生碰撞，乙误以为是敲击塔筒壁的声音便执行助爬器回链，造成甲发生坠落，虽然甲的安全带防坠落制动器及时制动，但是由于坠落时的磕碰仍造成甲的头部及腿部受伤。

第十九条

贸然进入有中毒危险的空间作业

重点要求 ||||||||||||||||||||

(1) 进入有中毒危险的空间前须判断和检测内部是否安全，并进行自然通风或强制机械通风；

(2) 在有中毒危险的空间内作业时须携带检测仪器、通信器材及救援设备，佩戴必要的个人防护用品、器具，并应有专人现场监护。

条文释义 风电场的电缆井、SF_6设备室、油品库、消防水泵房及风电机组轮毂内等区域环境相对密闭，容易出现有害物质泄露或聚集的情况；室内高低压电气设备、铅酸蓄电池、电缆夹层和电缆井、室内变压器发生火灾时也会产生大量有毒有害气体。"贸然进入"是指在不确定是否安全的情况下，进入上述空间中作业或施救，会造成人员窒息或吸入有害气体。

重点要求

（1）进入有中毒危险的空间前须判断和检测内部是否安全，并进行自然通风或强制机械通风；

（2）在有中毒危险的空间内作业时须携带检测仪器、通信器材及救援设备，佩戴必要的个人防护用品、器具，并应有专人现场监护。

典型案例

某公司加油站改造完成后，在准备投运期间，发现油罐内有少量水杂，施工方一名检修人员利用手摇泵排除油水；在发现油水排除不干净的情况下擅自违规打开人孔盖，独自贸然进入油罐内清理水杂，因缺氧和吸入大量有害气体晕倒，后经消防人员佩戴隔离式防护面具进入油罐将其背出罐外，送医院抢救无效后死亡。

第二十条

风场内驾驶车辆超速、不系安全带

重点要求 ||||||||||||||||||||||||

(1) 驾驶人员无论在风电场内，还是在公路上驾驶车辆，都必须遵守交通法规；

(2) 风电场内车辆速度应有明确的限制，严禁超速驾驶，车内所有人员必须系安全带；

(3) 风电场车辆驾驶人员不得超载驾驶、疲劳驾驶，不得酒后驾车、无证驾车；

(4) 风电场车辆除规定座位外，不得搭乘，严禁人货混载。

条文释义 超速驾驶和不系安全带驾驶均属于十分危险的驾驶行为，可能造成交通事故的发生。

重点要求

（1）驾驶人员无论在风电场内，还是在公路上驾驶车辆，都必须遵守交通法规；

（2）风电场内车辆速度应有明确的限制，严禁超速驾驶，车内所有人员必须系安全带；

（3）风电场车辆驾驶人员不得超载驾驶、疲劳驾驶，不得酒后驾车、无证驾车；

（4）风电场车辆除规定座位外，不得搭乘，严禁人货混载。

典型案例

某风电场员工驾驶风电场皮卡前往风电场附近的公交车站接值班员工，途中发生交通事故死亡。调查确认，事故车辆超过场内限速行驶，且员工未系安全带，车辆拐弯时速度过快，失控侧滑向左侧路边并侧翻打滚，车辆翻滚时将未系安全带的驾驶员甩出车外，倒在地上的驾驶员被翻滚的车辆右前方轮胎压砸到头部造成死亡。